JN121481

死傷者数

〔起因物別の状況〕

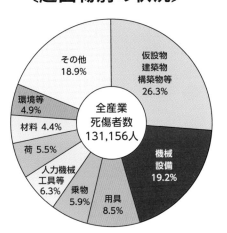

全産業
死傷者数
131,156人

- 仮設物建築物構築物等 26.3%
- 機械設備 19.2%
- 用具 8.5%
- 乗物 5.9%
- 人力機械工具等 6.3%
- 荷 5.5%
- 材料 4.4%
- 環境等 4.9%
- その他 18.9%

全産業における、休業4日以上の死傷労働災害のうち機械による災害は全体の約2割を占めているぞ。
機械の使用が多い製造業においては、休業4日以上の死傷労働災害に占める機械災害は全体の34.6%、死亡災害に占める機械災害は全体の49.3%となっているんだ。

安藤先輩

機械合計：34.6%

機械合計：49.3%

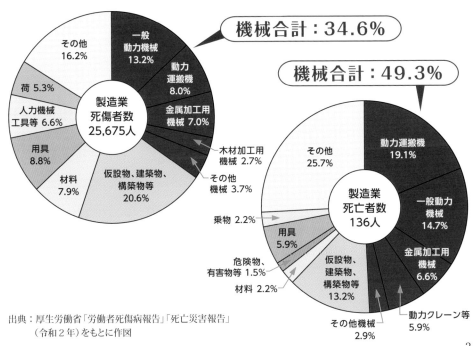

製造業
死傷者数
25,675人

- 一般動力機械 13.2%
- 動力運搬機 8.0%
- 金属加工用機械 7.0%
- 木材加工用機械 2.7%
- その他機械 3.7%
- 仮設物、建築物、構築物等 20.6%
- 材料 7.9%
- 用具 8.8%
- 人力機械工具等 6.6%
- 荷 5.3%
- その他 16.2%

製造業
死亡者数
136人

- 動力運搬機 19.1%
- 一般動力機械 14.7%
- 金属加工用機械 6.6%
- 動力クレーン等 5.9%
- その他機械 2.9%
- 仮設物、建築物、構築物等 13.2%
- 材料 2.2%
- 危険物、有害物等 1.5%
- 用具 5.9%
- 乗物 2.2%
- その他 25.7%

出典：厚生労働省「労働者死傷病報告」「死亡災害報告」
（令和2年）をもとに作図

3

機械災害としては、主に次のような災害が発生しています。

✴ はさまれ

✴ 感電

✴ 巻き込まれ

✴ 巻き込まれ

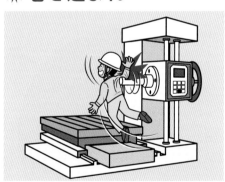

安藤先輩、機械を使う身近な作業でも
労働災害が起きているんですね

新人 全田君

機械作業の安全確保のために、
次のような法令・規制が定められています。

〈機械類の種類と規制対象〉　〈構造等の規制〉　　　〈安全化の方向〉

特定機械等
（安衛法第37条第1項、安衛令第12条）
〈製造者等に規制〉

→ **労働安全衛生法** → **構造規格** →

構造規格と製造時全数検査で
一定レベルの安全性が担保

個別検定対象機械等
（安衛法第44条第1項、安衛令第14条）
型式検定対象機械等
（安衛法第44条の2第1項、安衛令第14条の2）
〈製造者等、譲渡者等に規制〉

規格等を具備すべき機械等
（安衛法第42条、安衛令第13条）
〈譲渡者等に規制〉

→

構造規格で一定のレベルが担
保
欠陥機械の回収事例があり製
造者・譲渡者による安全化が
必要

安衛則で規定のある機械等
〈作動部分上の突起物等の防護措置〉
（安衛法第43条、安衛則第25条）
〈譲渡者等及び機械等のユーザーに規制〉

→ **労働安全衛生規則** →

**具体的な規制がない
危険な機械も流通している**

設計・製造者は機械包括安全
指針に従ってリスクアセスメント
及びリスク低減を実施し、残っ
た機械危険情報を提供する

安衛則で規定のある機械等
（安衛則第2編第1章〜第3章）
〈機械等のユーザー（事業者）に規制〉

→

使用者（ユーザー）も機械危険
情報をもとに安全化を図る

未規制機械等 → **なし** →

規制のない機械もたくさんあるんですね！

規制があったとしても法律の規制は最低
基準だから、安全かどうかわからない機
械があるんだ。だから、リスクアセスメ
ントで機械のリスクを下げるんだ！

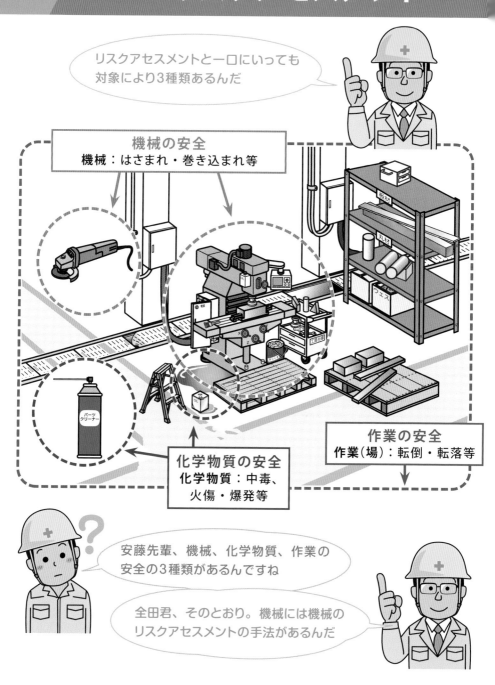

リスクアセスメントと一口にいっても
対象により3種類あるんだ

機械の安全
機械：はさまれ・巻き込まれ等

化学物質の安全
化学物質：中毒、
火傷・爆発等

作業の安全
作業（場）：転倒・転落等

安藤先輩、機械、化学物質、作業の
安全の3種類があるんですね

全田君、そのとおり。機械には機械の
リスクアセスメントの手法があるんだ

（1）危険源を同定して危害発生のシナリオをつくる

適切なリスク低減につなげるために、
危険源を同定して、危険状態、危険事象、
危害発生のシナリオをつくりましょう

ここで起こりうる
ことを見逃さない
ことが重要だぞ

> 誰が、どんな作業（正しい使用及び合理的に予見
> 可能な※誤使用を含む）において、機械のどの部分
> （危険源の原因・起因物）に近づく（または、止
> まっていた機械が動き出し）
> - 人のどの身体部位が
> - どうなって（危険源の起こりうる結果）
> - どの程度の危害を受けるか

※合理的に予見可能な……容易
に予測できる、誰もが思いつく

シナリオの制作例
被災者は、不織布をほぐすロール機のロール表面に絡み付いている大きな
ゴミを見つけた。手で簡単に取れると思い、回転するロールを止めずにゴミ
を取ろうとしてロールに引き込まれ、右上腕部までを挫滅した。

シナリオ

⬇ ロールの表面に絡みついたゴミを見つけて
（ちょっとだからつい……）

⬇ 機械を止めずに
（⇒合理的に予見可能な誤使用）

⬇ 機械に接近し
（機械へ容易に接近できる⇒危険状態）

⬇ ロールのゴミを取ろうとして
（機械の可動部分と接触⇒危険事象）

⬇ ロールの間に（危険源の起因物）

⬇ 右上腕部まで引き込まれ（危険源の結果）

⬇ 右腕を挫滅する（危害）

（2）リスクの見積りを行う

作成した危害発生のシナリオをもとに、次の方法で
リスクレベルを見積もろう。リスクの見積りには様々
な方法があるが、いずれも定性的な方法なんだ

❶ マトリックス法

危害の重大性とケガの発生の可能性をそれぞ
れ横軸と縦軸の表にし、それらの度合いに応
じたリスク程度を割り付けてリスクを見積もる
方法

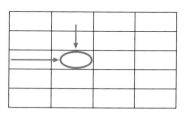

❷ 数値法

リスクの要素である「危害の重大性」などを数
値化し、それらを数値演算（足し算、かけ算等）
してリスクを見積もる方法

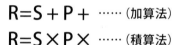

$$R = S + P + \quad \cdots\cdots \text{（加算法）}$$
$$R = S \times P \times \quad \cdots\cdots \text{（積算法）}$$

❸ リスクグラフ法

危害の重大性とケガの発生の可能性を段階的
に分岐図（リスクグラフ）を用いてリスクを見積
もる方法

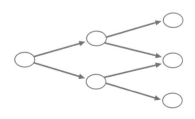

見積り方法にも種類があるよう
ですが、違いはあるのですか？

いずれの方法でも同じ結果になる。
どの見積り方法にするかということ
よりも危険源同定からのリスクアセ
スメントの手順が重要だぞ

（3）リスクの評価を行う

決定したリスクレベルの対応方針を決める

リスク レベル	判断基準	リスク対応方針
Ⅳ	重大	直ちにリスク低減が必要で、 それまでは使用停止とする
Ⅲ	中程度	速やかにリスク低減が必要で、それまでは 管理的な方策の実施を条件に暫定的に使用してもよい
Ⅱ	軽微	工学的方策が望ましいが、 管理的な方策の実施を条件に使用してもよい
Ⅰ	些細	適切にリスク低減されたレベルであり、 新たな保護方策は不要

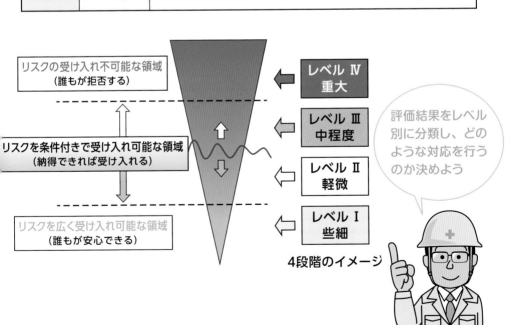

リスクの受け入れ不可能な領域
（誰もが拒否する）

リスクを条件付きで受け入れ可能な領域
（納得できれば受け入れる）

リスクを広く受け入れ可能な領域
（誰もが安心できる）

レベル Ⅳ
重大

レベル Ⅲ
中程度

レベル Ⅱ
軽微

レベル Ⅰ
些細

評価結果をレベル別に分類し、どのような対応を行うのか決めよう

4段階のイメージ

6　リスク低減方策

評価したリスクが受け入れがたい場合は、
以下の順でリスク低減を図ろう

保護方策（リスク低減方策）の立案

Step1から順番に低減方策を検討し、
できなければStep2、Step3と3ステップメソッドで検討する。

保護方策（リスク低減方策）

Step1	本質的安全設計方策	←	機械に備わった特性とて安全を設計に織り込
Step2	① 安全防護	←	
	② 付加保護方策	←	隔離と停止の原則の具体化
Step3	使用上の情報（メーカー）	←	人の操作に頼る
	作業手順の整備、教育、保護具の使用（ユーザー）	←	管理に頼る

リスク低減方策の立案に順番が
あるのはわかりましたが、なにを
すればよいのかわかりません

次のページ以降で紹介するぞ

本質的安全設計方策

機械設計に際しては、次のような方策を念頭
に置いて臨みましょう。

機械に備わった特性となるように、最初に安全を検討しよう

❶ 危険な部位をなくす ──┬─ 形状
　　　　　　　　　　　　└─ すきま
❷ 力及びエネルギーを小さくする
❸ 危険源に近寄る必要性をなくす
❹ 機械が正しく動くように設計する

（例）危険な部位をなくす

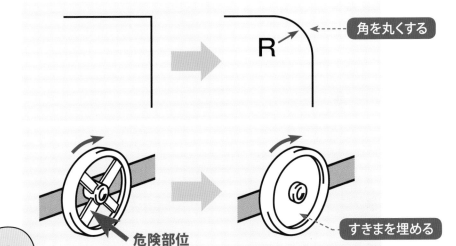

R　角を丸くする

危険部位

すきまを埋める

危険部位がなければ安全ですね

Step2 ① 安全防護

> Step1でリスクを低減できない場合は、機械（危険源）に人を近づけさせない、人が近づくときに機械を停止させることを検討するぞ

本質的安全方策が実現できない場合、隔離と停止を考えよう。

1 隔離の原則

　機械の危ない部分に、覆い・囲い等を設けることで人の接近、手・足等の進入を防止する
例：囲い・覆い等、ガード

2 停止の原則

　機械の危ない部分に近づくと、機械が止まる

❶ 入口の扉を開けると機械が自動的に止まる

❷ 扉が施錠されていて、機械が止まったことを条件に解錠される

例：インターロック

（例）隔離の方法

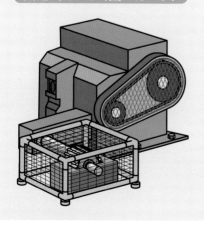

固定式ガード（囲いガード）

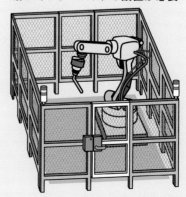

可動式ガード
扉にインターロックの設置が必要

（例）停止の方法

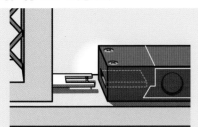

タング式 インターロックスイッチ
（扉を開くとアクチュエータが抜けて
機械が止まる）

電磁ロック（施錠）式
インターロックスイッチ
（内部の機械が止まっていないと
ドアが開かない）

ライトカーテン
透過型光線式安全装置
（光をしゃ光すると機械が止まる）

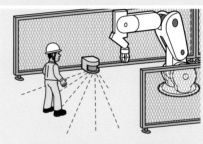

レーザースキャナ
反射型光線式安全装置
（検知領域に進入すると機械が止まる）

Step2　② 付加保護方策

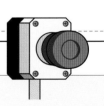

❶ 非常停止機能
　⇒発生している／切迫している非常事態を回避する

❷ エネルギーの遮断・消散の手段
　⇒ 動かなく（停止）して、その状態を維持する

❸ 捕捉された被災者の脱出・救助手段
　⇒ 早く救助してダメージを最小にする

❹ 機械類・重量物の運搬手段
　⇒ 安全な運搬のために吊り環の位置を決めて適切にし、フォークリフト用案内溝を装備等

❺ 機械類への安全な接近方法
　⇒転落・墜落防止のために階段、手すり、プラットフォーム等を設置

・人が正しく操作使用して初めて有効となる
・正しく使用しなければ効果がない

それでも残るリスクがあるのでは

Step3 使用上の情報

機械メーカーは、最終的に残ったリスクは情報としてユーザーに伝える必要があります。機械ユーザーは、提供された情報をもとに対応を決定し、作業者に伝える必要があります

機械メーカー
❶ 使用上の情報
1) 安全に機械を使用するための情報
 ・「意図する使用」「合理的に予見可能な誤使用」
 ・「禁止する使用・用途（故意の誤使用）」の警告
2) 必要な指示事項（教育・保護具の使用）
3) 危険情報の提供（残留リスク情報）
 ・安衛則第24条の13による「機械危険情報」の機械ユーザーへの提供
❷ 機械へ組込み
1) 標識、警告表示等の貼付け
2) 警報装置等の設置
3) 取扱説明書等の文書の交付

機械ユーザー
❶ 機械メーカーからの使用上の情報（残留リスク）と実際の使用状況への対応
1) 機械ユーザーとしてのリスクアセスメントの実施
 ・可能であれば、本質的安全方策の実施
 ・安全防護、付加保護方策による低減の実施
2) 管理的手法による方策の実施
 ・作業手順書の作成・整備
 ・保護具の選定、準備、装着指示
❷ 作業者への実施事項
1) 使用情報（残留リスク）の提供・通知
2) 教育・訓練の実施と遵守

● 機械ユーザーによる保護方策が必要な残留リスク一覧

No.	運用段階	作業	作業に必要な資格・教育	機械上の箇所	残留リスク	危害の内容	機械ユーザーが実施する保護方策	取扱説明書参照ページ
1								
2								
3								
・・・								

● 機械ユーザーによる保護方策が必要な残留リスクマップ

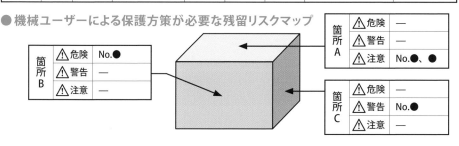

機械の設計・製造者（メーカー） ▶ **＜企業姿勢の証明＞**
・社会に求められている責任を果たす
・安全化技術で競合との差別化を図れる
・社員の士気向上（安全な製品づくり）

機械使用事業者（ユーザー） ▶ **＜安心な職場づくり＞**
・機械に任せることでヒューマンエラーによる災害削減
・人と機械の関わりを削減（生産性向上に注力できる）
・社員の士気向上（安心な職場）

機械の包括的な安全基準に関する指針（平成19年改正）

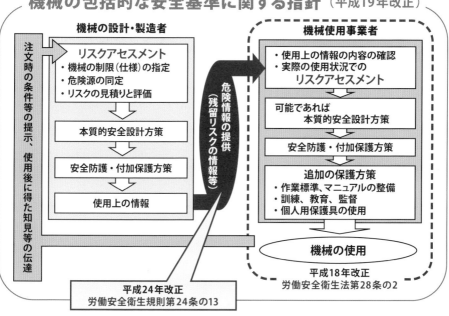

機械の設計・製造者

注文時の条件等の提示、使用後に得た知見等の伝達

リスクアセスメント
・機械の制限（仕様）の指定
・危険源の同定
・リスクの見積りと評価
↓
本質的安全設計方策
↓
安全防護・付加保護方策
↓
使用上の情報

危険情報の提供（残留リスクの情報等）

機械使用事業者

・使用上の情報の内容の確認
・実際の使用状況での
　リスクアセスメント
↓
可能であれば
本質的安全設計方策
↓
安全防護・付加保護方策
↓
追加の保護方策
・作業標準、マニュアルの整備
・訓練、教育、監督
・個人用保護具の使用
↓
機械の使用

平成18年改正
労働安全衛生法第28条の2

平成24年改正
労働安全衛生規則第24条の13

機械の安全化を行うことでメーカーもユーザーも様々な効果が期待できます。機械のリスクアセスメントを行い、リスク低減方策を行うことで災害を減らしましょう

リスクアセスメントを適切に実施するには、機械メーカー、機械ユーザーのそれぞれが機械安全に関する「十分な知識を有する者」の育成を求められています。
厚生労働省「機械安全教育通達」
厚生労働省通達：平成31年3月25日基安発0325第2号
設計技術者・生産技術管理者に対する機械安全・機能安全に係る教育について

機械をつくる人、使う人のための
機械安全
ABC

令和4年4月12日　第1版第1刷発行
令和5年10月16日　　　第2刷発行

編　者：中央労働災害防止協会
協　力：中央労働災害防止協会　技術支援部
発行者：平山 剛
発行所：中央労働災害防止協会
　　　　〒108-0023　東京都港区芝浦3-17-12　吾妻ビル9階
　　　　販売／TEL：03-3452-6401
　　　　編集／TEL：03-3452-6209
　　　　ホームページ　https://www.jisha.or.jp/

印刷・製本：株式会社日本制作センター
イラスト：ミヤチヒデタカ
デザイン：新島 浩幸

◎乱丁、落丁本はお取り替えします。©JISHA2022　21626-0102
定価：352円（本体320円＋税10%）
ISBN978-4-8059-2043-5　C3060　¥320E

こうすれば安全！
電気取扱い作業

感電の危険性
① 〜〜〜〜〜〜
2 〜〜〜〜〜〜〜
③ 〜〜〜〜〜〜〜
4 〜〜〜〜〜
5

中央労働災害防止協会

電気取扱い作業における労働災害の動向

恐ろしい感電災害

　電気取扱い作業における労働災害の大部分は、感電災害です。感電は人間が電気の来ている部分に接触するなどして身体に電流が流れ、急性の障害を受ける災害です。「電撃を受ける」という言葉も、同様の意味で使われます。

　感電による災害は、死亡災害につながりやすい、恐ろしい災害です。